學習如何當一個老公

許赫

一個死當邊緣的老公，重新修學分的過程。

老公這門課，是永遠都不能鬆懈的修行。

【推薦序】
道理我都懂但老公為何那麼囧

返農廚師詩人　喵球

學習如何
當一個老公
因為不像
所以有人說
你不是一個老公
就像是說
這不是一首詩

讀完《學習如何當一個老公》的當下，我想到最近出版的《胥友川柳》，它們的語言風格淳樸且都以趣味作為整本詩集的基本調性，趣味的閱讀經驗又同樣都是建立於作者自身的生命困境，用詩集評論常見的說法就是「舉重若輕」吧。兩本詩集的張力都來自於將生命之重調度轉換為語言之輕時流露出的苦笑，但相較於《腎》書病後對生命的感悟，許赫近乎流水帳的五十則短詩則更微妙地介於執迷不悔的抱怨與心悅誠服的學習之間，筆者作為同樣置身於婚姻中的異男，讀著這些看似悔悟而記下的流水帳般的詩歌時不免想到：

這位大叔，你在婚姻諮商後寫了一本專談兩性與婚姻卻不談愛的詩集啊，這不是又要被當掉了嗎？

本詩集在寫作技巧上展現了複沓的極端運用，每一則基本上都以「學習如何當一個老公」為開頭，僅在詩集的中後段稍有位置與節奏上的變化，搭配上詩集前半反覆出現的「行程報備」主題產生了一種類似被罰寫之後百無聊賴地偷偷做一些小抵抗的效果。如果將這些反覆出現的詩句視為必需的鐐銬，我們也可以觀察到有陣子在詩人間很流行的「戴著鐐銬跳舞」如何改變閱讀的節奏，以及同樣一句話在分行或被調換位置之後如何地改變了語氣以及情境。從這裡我們可以觀察到許赫作為詩人的機鋒即便在長期地進行告別好詩式的寫作之後仍然存在，筆者認為這樣以最單調的手法最現實的題材來彰顯的詩意，可以說是許赫這場漫長無謂小抵抗的成果。

「個人的無謂小抵抗，但做起來很開心」是筆者擅自為告別好詩下的註腳，對於詩歌而言這個態度是消極的；但對於個人而言卻又是開放而健康，讓這兩個面向曖昧地混雜在一起而不打算說明什麼。許赫在利用詩歌處理婚姻題材時的態度大抵也是如此，他透過洗腦般的語言展現出極大誠意的配合，但卻也不掩飾享盡父權紅利而不自知的無辜。當傳統的「父親」、「一家之主」的形象逐漸被指認為父權紅利與父權遺毒，當異男這個詞的意義逐漸與巨嬰靠攏；當我們逐漸發現社會一直以來對於兩性與婚姻生活的刻板印象在無形中剝奪了許多女性的可能性，讓女性做很多事都相對困難，甚至一直活在難以言喻的恐懼之中，身為一個即將在婚姻中死當的異男到底該如何自處？我相信這是第一本集中處理這個當代議題的詩集，而他最可貴的地方將是他保留了許多當代異男的死樣子，還有畫龍點睛地提到女人其實一直都被迫學習當老婆，而很多異男卻得以用異男的方式倖存。

筆者不是第一次為許赫的詩集寫文了，我認為許赫這次又來找我多半因為我同樣是異男老公，在閱讀詩集與寫文的過程中也是頻頻汗顏，同為異男只好同歸於盡了，真心推薦異男們也一起來讀這本詩集，同歸於盡。

1.

學習如何當
一個老公
第一天
就誇張吵架
你知道的
原因很難說
每一件事都是火藥庫

2.

學習
如何
當一個
老公

學習
搭火車
去教書
公車時速50公里
火車時速80公里
求他們在
哪個平交道相遇

3.

學習如何當一個老公
又因為沒有交代行蹤
被罵了
老婆說：我好失望

4.

學習如何
當一個
老公
台北車站
大迷路
三個小時之後
回到家
中間去新書發表會
沒有報備批准

5.

學習如何當一個
老公
老婆給我一個
配方
需要按時服用
像是
一經開始就不
能停止的血壓藥

6.

學習如何當
一個老公
平時表現太差
當掉

7.

學習如何當一個老公

懇求課程表

學習單

期中考猜題

期末報告範例

感謝大神

8.

學習如何當一個老公
老婆眼神死
不看好

9.

學習如何當一個老公
要吃掉
燒黑的青菜
燒黑的青菜
比較好吃
多了焦香味

10.

學習如何
當一個老公
老婆講話不要
打斷

朋友說
打斷腿嗎

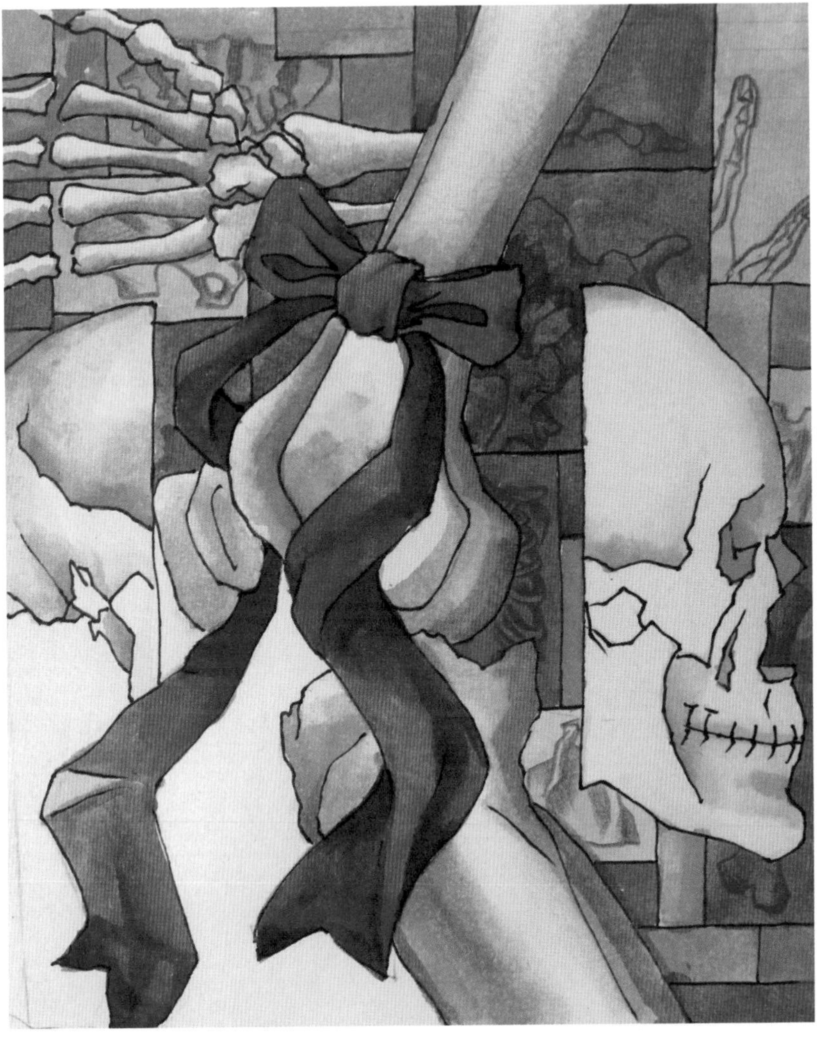

11.

學習如何當一個老公
今天沒事要早點回家
而且不能夠宅在書房

12.

學習如何當一個老公
老婆的朋友一再表示
跟這個老公在一起沒有未來
未來五年十年都一樣

很會算的樣子

13.

學習如何
當一個老公
把 gmail 行事曆
分享給老婆
然後去下載
行事曆 app

14.

學習如何當一個老公
張羅小朋友寒假營隊
感謝喜悅樹台灣工藝
之旅冬令營還有名額

15.

學習如何當一個老公
終於在晚回家的時候
記得要主動回報行程

16.

學習如何當一個老公
洗完澡吹頭髮
頭髮濕不躺枕頭

17.

學習如何當一個老公
用留言方式回報行程
是沒有用的老婆沒空
看要打電話告知才行

18.

學習如何當
一個老公
有些是基本行為
怎麼都做不到
所以才要學習

19.

學習如何當一個老公
老婆特別幫你留晚餐
吃完以後要主動洗碗盤

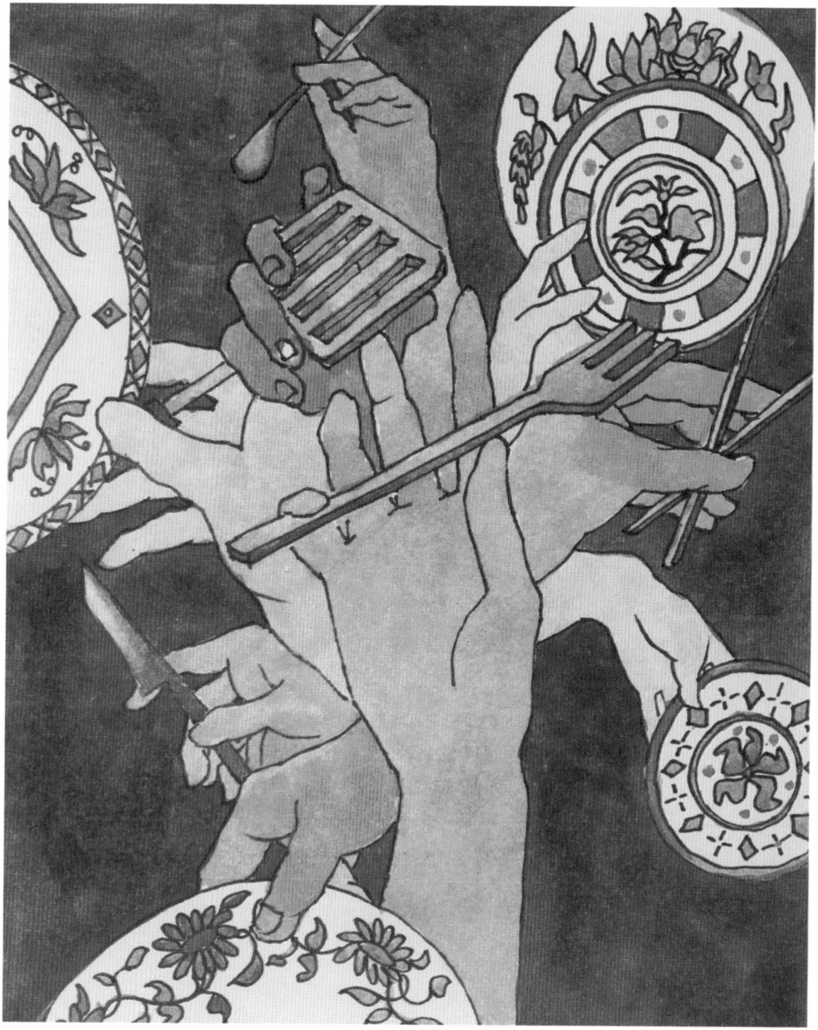

20.

學習如何
當一個老公
老婆負責評鑑

天啊
又是評鑑

21.

學習當一個老公
當老公的難處
是從小沒有
內建做家事的程式
媽媽專業服務系統
才有配備

當老公更大的難處
是老婆也沒有
內建做家事的程式
那是老婆升級為媽媽
才外掛上去的

22.

學習如何
當一個老公
寫得很異男
也許是異男
的難題

23.

學習如何當一個老公
每天晚上都應該
回家陪孩子老婆
所以每天晚上請假
是老公的日常

24.

學習如何
當一個老公
做家事有一搭
沒一搭比不做
更討人厭

25.

學習如何
當一個
老公

學會了
會變成
一個老公
很難誒

26.

學習如何
當一個
老公

老公
需要學嗎
先定義
何謂老公

或許定義好了
就不用學了
原本那個
死樣子就是老公

27.

學習如何
當一個老公

因為不像
所以有人說
你不是一個老公

就像是說
這不是一首詩

28.

學習如何當
一個老公
一個老公應該
這樣那樣
其實都不對
老公是個
法律身份
由契約與法律約束
也由契約法律解除
那麼要學什麼
不要學
放給他爛

29.

學習如何
當一個老公
這樣每天寫
結果是很多
身為老婆的朋友
比較有興趣
可見老公
都不用學的

30.

學習如何
當一個老公
也許會變成
某一種老公
像是
甲蟲標本一樣

31.

如何學習當一個老公
這個禮拜都很早睡

32.

學習如何當一個老公
老婆告誡失控爭吵
喉嚨會受傷

33.

另外發文跟大家告解
學習如何當一個老公
要當一個老公都很難了
實在沒有奢望當好老公

34.

如何當一個老公要開始記流水帳

35.

學習如何當一個老公
無法控制情緒實在糟糕
非常的對不起

36.

學習如何當一個老公
老婆說要討論財務問題
面對上帝賜予的考驗

37.

學習如何當一個老公
老婆準備的早餐
兒子挑食的時候要喝止
自己那一份也要吃完

38.

學習如何當一個老公
跟家人在一起的時候
不要看手機啊啊啊啊

39.

學習如何
當一個老公
偷偷窺伺週末的
家門口
比老婆更早到家
會比較安心

40.

如何學習
當一個老公
會議結束
打電話回家
說要回家了

41.

學習如何當一個老公
怎麼猜想老婆說的話
不只是字面上的意思

42.

學習如何當一個老公

需要一個老公學系

43.

學習如何當一個老公
每天都有新的課題
學
無止盡

44.

學習如何當一個老公
提早到家的晚上
發了一封簡訊
說到家了
老婆晚上回來
張羅小孩溫習功課
發現我在家裡
嚇了一跳

45.

學習如何當一個老公
等老婆衣服
洗好要晾衣服
實在太累了
只好先去睡覺
非常抱歉

46.

學習如何
當一個老公
老婆最近發現有
明顯的故態
復萌的跡象

47.

學習如何當一個老公
有些事情仍舊擱著
太複雜沒有進度
兩個人都很著急
可是還找不到辦法

48.

學習如何當一個老公
老婆的朋友對我
非常非常不滿
我不知道該怎麼辦

49.

學習如何當一個老公
晚上加班開會
很有罪惡感

50.

學習如何當
一個老公
等老婆忙完了一大圈
陪她練習
隔天公司的簡報
並且想像
一個老公
要怎麼有誠意地
給她建議然後又
吵架了

【跋】

自首、甩鍋、求助，絕境求生的老公自修課……

二〇一八年初，我的婚姻走進了婚姻諮商室。經過五次的療程，總算度過危機。過程中互相傷害難免的，有個客觀第三者在場，反而更加肆無忌憚。而過程中我們都有一個共識，對於像我這樣結婚十五年，有兩個小孩的中年爸爸來說，結婚至今卻仍像個單身男人一樣生活著。我特別糟糕了嗎？哦不，我只是廣大不及格老公平庸的一份子而已。

結了婚，卻像個單身男人生活，我當然不服氣。不服氣的有兩點，第一點我為家庭的付出與犧牲，並沒有被看見。第二點，我就像我爸那樣扮演老公的角色，我也只有他一個對象可以學。這就是我的悲哀，我不知道如何當一個老公，而且我的老師（我阿爸），他確實，也不會。

「學習如何當一個老公」系列長詩，是連續五週婚姻諮商期間的功課，如實反映一個死當邊緣的老公，重新修學分的過程。在臉書上張貼系列作品期間，被無數女性友人圍剿，被無數好老公友人羨慕。二〇一八年的作品，經過二年的增補，到了二〇二〇年寫完最後一首短詩，這首詩作為整篇作品的總結，並不是昭示著學習當一個老公已經出師，學分修畢拿到高分，相反，一切又回到原點，老公這門課，是永遠都不能鬆懈的修行，隨時隨地，都要學習與實踐，然後，又隨時隨地，打回原形，必須重新開始（如果還有機會的話……）。

反反覆覆，看似前進，實則原地踏步。五十首短詩組合的一個單身男人慢慢成為老公的過程。離開自己舒適的自由國度，有時候學習，有時候領悟，有時候偷懶，有時候墮落，起起伏伏地摸索著，進入家庭裡面的種種路徑。做為一個老公的無助，來自於無從學習，不得要領：

學習如何當一個老公

懇求課程表

學習單

期中考猜題

期末報告範例

感謝大神

無論你求助於老婆、親友、兩性書籍、臉書大神或者 google，大家都只給你一個標準答案：「那是一場修行，一抹禪宗公案，只能意會，不落文字」。其實更緊張的是，夫妻與家庭已經不是我小時候的樣子，不是我爸媽示範的樣子。不只我不知道是什麼樣子，連我的老婆也不知道是什麼樣子。

學習當一個老公

當老公的難處

是從小沒有

內建做家事的程式

媽媽專業服務系統

才有配備

當老公更大的難處

是老婆也沒有
內建做家事的程式
那是老婆升級為媽媽
才外掛上去的

一個老公跟一個老婆，兩個獨立的個體，組成一個家庭。這兩個獨立的個體，本來都活在另一個家庭裡面，被另一對父母照顧著。我們沒有人好好接受過如何組成一個家庭的教育。我沒有被好好訓練成一個老公，而我的岳母，也沒有好好訓練她的女兒成為一個老婆。兩個備受照顧的獨立個體，在一起生活，要學習著照顧另一個人，我們都是新手，不幸的，我們結婚十五年，我的老婆已經是老鳥，而我還是新手！所以活該被當掉，目前重修老公的學分。

學習如何當一個老公
洗完澡吹頭髮

頭髮濕不躺枕頭

《學習如何當一個老公》是一首記錄一個在婚姻中單身十五年，終於肯學習如何成為一個老公的詩作。近幾年來，女作家高分貝的反省母親、妻子這些宿命的身份，二〇一八年黑眼睛文化更出版了《媽媽＋1：二十首絕望與希望的媽媽之歌》，總結了新時代女作家們對於媽媽這個身份的抵抗與控訴。偉大的媽媽相對於缺席的爸爸，到底我們的文化、價值觀，怎麼在這個社會鍛煉出「一個」偉大的媽媽，而任由爸爸擺爛裝死，成為家庭中的另一個孩子。這首長詩是一個歷程，一場語氣稀鬆平常的驚濤駭浪。盼望給讀者帶來一個討論，除了看這個老公多糟糕之外，也能伸出援手，透過討論，為漂浮於夫妻相處茫茫大海無助的軟爛老公，築起一座尋找幸福的燈塔。也可能，這場討論，把大家推回大海，決裂又自由的深淵。

國家圖書館出版品預行編目（CIP）資料

學習如何當一個老公 / 許赫著 . -- 初版 . -- 新北市 :
斑馬線出版社 , 2021.09
面；　公分

ISBN 978-986-06863-1-9（平裝）

863.51　　　　110012192

學習如何當一個老公

作　　者：許　赫
總 編 輯：施榮華
封面及內頁插圖：吳箴言

發 行 人：張仰賢
社　　長：許　赫
出 版 者：斑馬線文庫有限公司
法律顧問：林仟雯律師

斑馬線文庫
通訊地址：234 新北市永和區民光街 20 巷 7 號 1 樓
連絡電話：0922542983

製版印刷：年代印刷企業有限公司
出版日期：2021 年 9 月
ISBN：978-986-06863-1-9
定　　價：270 元